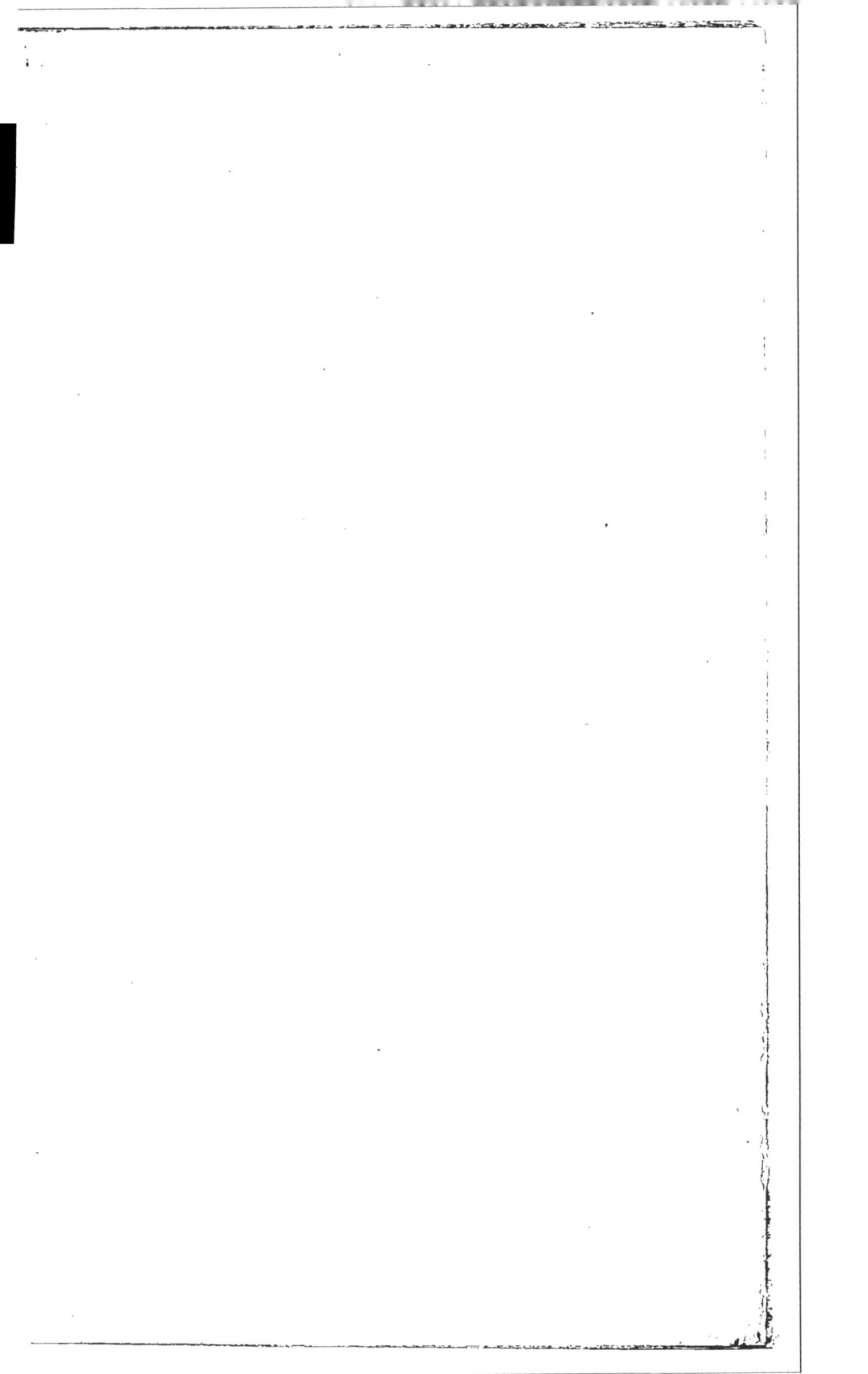

COLLECTION PICARD

BIBLIOTHÈQUE D'ÉDUCATION NATIONALE

LES GRANDS FRANÇAIS

VAUBAN

PAR

P. PAUL BONDOIS

Ancien élève de l'École des hautes études, agrégé d'histoire,
professeur au lycée de Versailles.

AVEC PORTRAIT ET GRAVURES DANS LE TEXTE

PARIS

LIBRAIRIE PICARD-BERNHEIM ET Cie

11, rue Soufflot, 11.

Tous droits réservés.

VAUBAN

VAUBAN

COLLECTION PICARD

BIBLIOTHÈQUE D'ÉDUCATION NATIONALE

LES GRANDS FRANÇAIS

VAUBAN

PAR

PAUL BONDOIS

Ancien élève de l'École des hautes études
Agrégé d'histoire
Professeur au Lycée de Versailles

Ouvrage honoré de souscriptions du Ministère de l'Instruction publique.

AVEC PORTRAIT ET NEUF GRAVURES DANS LE TEXTE

Deuxième édition

PARIS

LIBRAIRIE PICARD-BERNHEIM & Cᵒ

11, rue Soufflot, 11

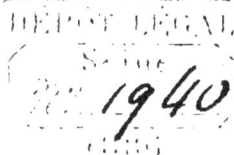

Tout exemplaire non revêtu de la signature des éditeurs sera réputé contrefait.

Picard-Bernheim & Cie

VAUBAN

(1633-1707)

LA VIE DE VAUBAN

L n'est pas de grand homme en France qui ait mérité, plus que Vauban, la reconnaissance et le respect de la postérité. Il fut le plus illustre et le plus savant de nos ingénieurs militaires. L'ardeur de son patriotisme lui fit ouvrir les yeux sur les dangers que le voisinage de l'Allemagne faisait courir à notre pays.

Dans un siècle où la guerre se faisait plus cruellement qu'aujourd'hui, il se préoccupa avant tout de ménager le sang des soldats. Bien qu'appartenant, par sa naissance, à la noblesse privilégiée, il chercha à améliorer le sort de la classe la plus malheureuse de la nation. Il sacrifia la faveur dont il jouissait auprès de Louis XIV, en lui conseillant une réforme de l'impôt, pour soulager la misère du peuple. En cherchant à établir un meilleur système financier, Vauban fut l'un des fondateurs de l'*économie politique,* qui apprend aux hommes à tirer le meilleur parti de leur travail et de leurs ressources.

JEUNESSE DE VAUBAN

Vauban avait eu une enfance malheureuse et une jeunesse difficile. Il s'appelait Sébastien Le Prestre, et ne prit qu'à dix-sept ans le nom de *Vauban*, qui était celui d'une terre possédée autrefois par sa famille. Il naquit le 16 mai 1633, à Saint-Léger-du-Fougeret (département de l'Yonne), et non loin de Château-Chinon (département de la Nièvre). Il appartenait au petit pays du Morvan, qui dépendait de la province du Nivernais. C'était une contrée boisée, montagneuse et pittoresque.

Vauban perdit son père tué (1642) en combattant pour son pays, dans la guerre de Trente ans. Sa mère mourut bientôt après, et à dix ans, il était orphelin. La fortune l'avait fait naître, disait-il plus tard lui-même, *le plus pauvre gentilhomme de France*. La maison de son père ne valait pas mieux que la maison d'un paysan ; elle était couverte de chaume, n'avait qu'une chambre, une grange et une écurie ; encore fut-elle abandonnée aux créanciers de sa famille. Si pauvre que Vauban fût alors, il avait un privilège, qui n'existe plus aujourd'hui. C'était la *noblesse*, sans laquelle il n'aurait pas pu obtenir les hauts grades militaires qu'il conquit à force de mérite et de services.

Il fut recueilli par l'abbé Fontaine, curé de Saint-Léger, qui lui apprit tout ce qu'il savait, un peu d'arithmétique et d'arpentage. Ce fut un bonheur pour Vauban d'être dirigé, même aussi imparfaitement, vers les mathématiques, science indispensable à l'ingénieur. Par reconnaissance, il soignait le jardin, et pansait le cheval de son protecteur. Lorsqu'il était libre, il parcourait les montagnes du Morvan, et il conserva toujours pour sa petite patrie un fort attachement, qui le cédait seulement chez lui à son amour pour la grande patrie, la *France*. Par cette vie utile et active il acquit une santé robuste, un caractère ferme et courageux. Il vit alors de près les misères des pauvres paysans morvandiots, qu'il nous a dépeints si mal nourris, sans forces, et souffrant de leur nudité. De ces premiers temps de sa vie date sa pitié pour le petit peuple.

A dix-sept ans (1651), Vauban prit la résolution

CONDÉ (Louis II de Bourbon, prince de), surnommé *le grand Condé*. — Illustre capitaine, né à Paris le 8 septembre 1621 ; mort à Fontainebleau le 8 décembre 1686.

de suivre, comme son père, le métier des armes. Léger de bagage et d'argent, vêtu comme un campagnard, il partit à pied pour rejoindre, dans la forêt de l'Argonne, en Champagne, les troupes du prince de Condé. Ce grand général venait de terminer la guerre de Trente ans par les batailles de Rocroy (1643) et de Lens (1648). Son nom attirait à lui les jeunes gens avides de gloire.

Malheureusement Condé n'avait pas le sentiment patriotique. Il venait d'être froissé dans son ambition par le cardinal Mazarin, qui gouvernait au nom d'Anne d'Autriche, régente de France pour son fils, Louis XIV. Fidèle encore en apparence à la reine-mère, il prit bientôt parti contre elle (1651), dans la guerre civile de la *Fronde*, et n'hésita pas à s'allier aux Espagnols, pour combattre les troupes royales.

Vauban, à peine sorti de son village, et connaissant mal ce qui se passait alors en France, était encore trop jeune et trop inexpérimenté pour distinguer la bonne cause. En s'attachant à un prince français, dont les victoires avaient contribué à l'acquisition de l'Alsace (traité de Westphalie, 1648), il ne croyait pas mal agir. Il avait été fort bien accueilli, parce que, comme il avait, selon son expression, « une teinture des mathématiques, des fortifications, et, comme il ne dessinait pas mal, on songea à l'employer dans le génie. » La guerre consistait alors surtout dans le siège des villes ; les ingénieurs avaient fort peu d'avancement ; ils étaient par conséquent très rares.

Ce début décida de la carrière de Vauban. Ses aptitudes se révélèrent aussitôt au siège de Clermont-Oise et de Sainte-Menehould, en Argonne (1651). On lui proposa le plus bas grade d'officier, celui d'*enseigne*, inférieur à celui de sous-lieutenant. Mais comme il fallait faire les avances nécessaires pour s'équiper, il dut refuser cet avancement, « parce qu'il n'en pouvait soutenir le caractère ».

A cette époque, la pauvreté, tout aussi bien que le manque de noblesse, pouvait interdire l'avenir à des hommes de génie.

En 1653, Vauban fut fait prisonnier par un parti de troupes royales, et fut conduit au cardinal Mazarin. Ce ministre, auquel on doit reprocher sa politique double et son avidité, savait cependant pénétrer la valeur des hommes, et n'aimait pas la vengeance. Vauban « fut dûment confessé et converti » par lui, et placé sous les ordres du directeur général des fortifications, le chevalier de Clerville. Il fut aussitôt employé contre son ancien chef, Condé. Après s'être distingué à Sainte-Menehould et au siège de Stenay, où il fut blessé deux fois, il fut nommé lieutenant dans le régiment qui s'appelait *Bourgogne-infanterie* (6 août 1654). Il fit

MAZARIN (Jules). — Né à Rome le 14 juillet 1602, mort à Vincennes le 9 mars 1661.

partie de l'armée de Turenne, qui reprit Arras à Condé et aux Espagnols, et fut remarqué d'une manière spéciale au second siège de Clermont-en-Argonne. Ce fut seulement alors qu'il reçut, le 3 mai 1655, le brevet d'ingénieur

du roi. Vauban avait vingt-deux ans; mais la
rude vie qu'il menait depuis cinq ans l'avait
promptement mûri. Il n'avait pas cessé d'étu-
dier son art et s'en était rendu maître par la
pratique.

LES INGÉNIEURS MILITAIRES SOUS LOUIS XIV

VAUBAN DEVIENT CÉLÈBRE

Le brevet d'ingénieur ne donnait à Vauban ni la situation officielle, ni l'état régulier qu'ont aujourd'hui nos officiers du génie. Les ingénieurs ne formaient pas un corps spécial. En guerre, on les choisissait parmi les lieutenants et les capitaines d'infanterie brevetés, et ils rentraient après dans leur rang. Leur avancement était très lent et n'allait jamais bien loin. Comme leurs fonctions étaient très difficiles et *peu brillantes*, les jeunes nobles préféraient n'y pas entrer.

Cependant, les ingénieurs rendaient les plus grands services ; ils étaient fort exposés dans les sièges. Leur solde était, en général, de 5 à

600 livres, qui vaudraient aujourd'hui 2,000 à 2,500 francs. C'était bien peu, car leur profession exigeait des études si persévérantes que Vauban disait de lui-même : « Après quarante ans d'application, je ne me trouve qu'un demi-ingénieur. » Toute sa vie, il combattit pour améliorer le sort des ingénieurs, qu'il appelait les martyrs de l'infanterie. Il témoignait une sympathie toute particulière à ceux qui étaient pauvres et mariés ; il alla jusqu'à leur abandonner une partie de son traitement, et ne cessa de prier pour eux le tout-puissant ministre de la guerre, Louvois.

Enfin, en 1675, il obtint la création des *ingénieurs ordinaires,* qui conserveraient leur situation pendant la paix. Les autres ingénieurs, appelés *extraordinaires,* étaient comme autrefois choisis, en cas de guerre, mais, à la paix, ils rentraient dans le rang. Vauban ne put faire prévaloir cette organisation que quand il fut devenu un personnage important. Il se souvint alors de ses souffrances et de ses humiliations, lorsqu'il était lieutenant au régiment de Bourgogne, et, plus tard, capitaine aux régiments de Languedoc et de Normandie.

En 1656, il avait dû céder à l'opiniâtreté du maréchal de la Ferté, qui fit échouer les sièges de Valenciennes et de Montmédy. Turenne, au contraire, l'ayant laissé libre de ses mouvements, il s'empara en quatre jours du port de Mardyck (près de Dunkerque).

En 1658, il prit successivement Gravelines, Oudenarde, Ypres, villes de Flandre, dont l'occupation compléta la grande victoire de Turenne aux Dunes. Vauban contribua ainsi, pour sa part, à la conclusion du grand traité des Pyrénées, conséquence de la paix de Westphalie. Les Espagnols furent obligés de restituer à la France l'Artois au nord et le Roussillon au sud.

Vauban avait alors vingt-sept ans. Un de ses cousins lui fit épouser (25 mars 1660) Jeanne d'Aulnay, dont le père était le châtelain d'Épery, en Morvan. Ce mariage lui permit de « soutenir un état plus brillant ».

Il se fit rapidement connaître « comme un bon ingénieur et un bon officier ». Il fut chargé de démanteler les places de Lorraine, et de fortifier Brisach, l'une des forteresses du Rhin qui donnaient à la France une entrée en Allemagne.

Là, sa carrière faillit être arrêtée par la haine de l'intendant de Brisach, parent du ministre Colbert. Gêné dans ses rapines par la probité

COLBERT (Jean-Baptiste). — Né à Reims, le 29 août 1619, mort en 1683, fut un grand ministre et un patriote.

de Vauban, ce personnage essaya, tout en lui reprochant de « ne viser qu'à l'économie » de le rendre responsable des sommes qu'il avait dérobées au gouvernement. Quoique Colbert eût fait rendre pleine justice au grand ingénieur, celui-ci garda toujours une certaine

2

réserve à l'égard du ministre, dont un parent avait attaqué son honneur.

Ce fut d'ailleurs la dernière difficulté sérieuse que Vauban eut à surmonter. Pendant la guerre de Dévolution, qui eut lieu de 1667 à 1668, il conduisit le siège de Tournay (Belgique), celui de Douai (département du Nord), où il reçut une balafre à la joue; celui de Lille (département du Nord), qu'il prit après dix-huit jours de travaux réguliers ; enfin, celui de Dôle, en Franche-Comté.

SERVICES MILITAIRES DE VAUBAN

Vers cette époque, il se lia étroitement avec le principal ministre de la guerre de Louis XIV, Louvois, qui l'estimait déjà depuis longtemps, et qui l'avait soutenu énergiquement contre la malveillance et la jalousie. Ce qui plaisait à Louvois dans Vauban, c'était son esprit de discipline et d'ordre. Tout en ayant conscience de sa valeur, il se montrait le plus respectueux des subordonnés, et faisait ainsi preuve de la première des vertus militaires. Il était aussi très exact, et, dans les dépenses nécessaires pour les fortifications, il ne dépassait jamais les devis.

Le ministre profita donc de la première occasion pour donner à Vauban la haute main sur la construction des forteresses. Lorsque Lille fut

devenue française, en 1668, par le traité d'Aix-
la-Chapelle, qui termina la guerre de Dévolu-

LOUVOIS (Marquis de). — Né à Paris, le 18 janvier 1639, mort à Versailles,
le 16 juillet 1691, au moment où le roi allait le mettre en disgrâce.

    Louvois a rendu de grands services en organisant l'armée; mais l'histoire lui
reproche ses cruautés et surtout la persécution des protestants (les Dragon-
nades, 1685).

tion, on s'empressa de faire de cette ville la
place forte principale du nord de la France. Le

directeur général des fortifications, le chevalier de Clerville, présenta des plans, qui furent
jugés insuffisants. Vauban en avait communiqué
d'autres à Louvois.

Le ministre désirait les faire prévaloir, mais il
craignait de violer la hiérarchie militaire en adop-
tant les idées d'un capitaine, en opposition avec
celles de son supérieur. Il suggéra donc à
Louis XIV de prendre connaissance des deux
projets. La supériorité de celui de Vauban éclata
au point qu'il fut adopté et que le jeune ingénieur fut chargé de l'exécuter.

Il se mit à l'œuvre avec un véritable enthou-
siasme patriotique. Il voulait élever entre Paris
et la frontière un triple rang de forteresses. En
débutant par la Flandre, qui était le côté le
moins facile à défendre, il eût voulu que la France
s'étendît encore du côté des Pays-Bas espagnols
(Belgique) de manière à replacer Paris plus au
centre et à former de notre pays ce qu'il appelait un *précarré*.

Il fortifia, à cette époque, Lille, Arras, les
autres places du nord, et commença les travaux de Dunkerque. Il ne cessa plus désormais

de parcourir la France, qu'il couvrit de places
fortes. Le plus souvent il se faisait en même
temps l'architecte des villes dont il était l'ingénieur et se préoccupait vivement de leurs
progrès industriels et commerciaux. Ces travaux considérables étaient fréquemment inter-
rompus par les nombreux sièges, qu'il dirigea
pendant les guerres de Hollande (1672-1678) et
de la ligue d'Augsbourg (1688-1697).

Après avoir voyagé en Piémont en 1670 et
1671, et visité avec Louvois la forteresse de
Pignerol, encore française, il fortifia les villes
de Turin, de Verrüe et de Verceil, pour le
compte du duc de Savoie, alors allié de la
France, et qui devait plus tard se servir contre
Louis XIV de ces nouvelles forteresses.

A partir de 1673, Vauban prit une part importante dans la guerre contre les Hollandais. D'un
esprit calme et clairvoyant, il aurait voulu qu'on
laissât de côté cette expédition inutile et peu
glorieuse contre les marchands d'Amsterdam,
pour se rabattre sur les Pays-Bas espagnols,
dont la possession était nécessaire à la sécurité
des frontières de la France. Il fut chargé, sans

être placé sous les ordres d'aucun général, du siège de Maëstricht, sur la Meuse, l'une des places fortes les plus importantes du nord de l'Europe.

Il se sentait alors suffisamment appuyé par Louis XIV et Louvois pour essayer l'application de ses idées et de ses études. Les tranchées parallèles, dont il entoura la ville, furent creusées selon un nouveau système qui lui permit, en vingt-trois jours d'opérations actives, de ne perdre que 1,600 hommes, chiffre relativement modéré, lorsqu'on le compare aux pertes du génie dans les sièges précédents.

Maëstricht capitula le 16 août 1673 et Vauban s'empressa de mettre en état les fortifications de cette ville ; puis il courut préparer le siège de Trèves, sur la Moselle, et put prédire que la ville se rendrait du 30 août au 18 septembre, ce qui arriva en effet. Il était déjà en Alsace, d'où il passa en Lorraine, pour mettre en état les places fortes de ces deux provinces, menacées par les Autrichiens.

A la fin de l'année 1673, il arma les côtes de Bretagne et l'île de Ré contre les tentatives du grand amiral hollandais, Ruyter. En 1674, il rendit encore des services éclatants. Envoyé en Franche-Comté, dont Louis XIV entreprenait la conquête définitive, il obtint la capitulation de Besançon, en hissant une batterie de 40 canons sur les hauteurs qui dominaient la ville; peu après, il s'empara de Dôle, la seconde place de la province.

Le 21 août, Vauban recevait la récompense de ses succès; il était nommé brigadier, grade à peu près équivalent à celui de général de brigade. Le prince de Condé, redevenu, depuis le traité des Pyrénées, général français, venait de livrer la bataille de Senef (Belgique), la dernière et la plus sanglante de sa carrière.

Louvois se félicitait d'un succès si chèrement acheté. Vauban, qui déplorait toujours les pertes d'hommes, prévit que la bataille de Senef resterait inutile. « Il n'est pas temps encore, écrivit-il à Louvois, de nous épanouir la rate. » En effet, Condé ne put, avec ses troupes décimées, poursuivre les Hollandais, qui assiégèrent la ville d'Oudenarde, sur l'Escaut (Belgique). Mais Vauban était là, et il les

força à se retirer. La prise de Condé et de Bouchain, autres places de l'Escaut, en 1675;

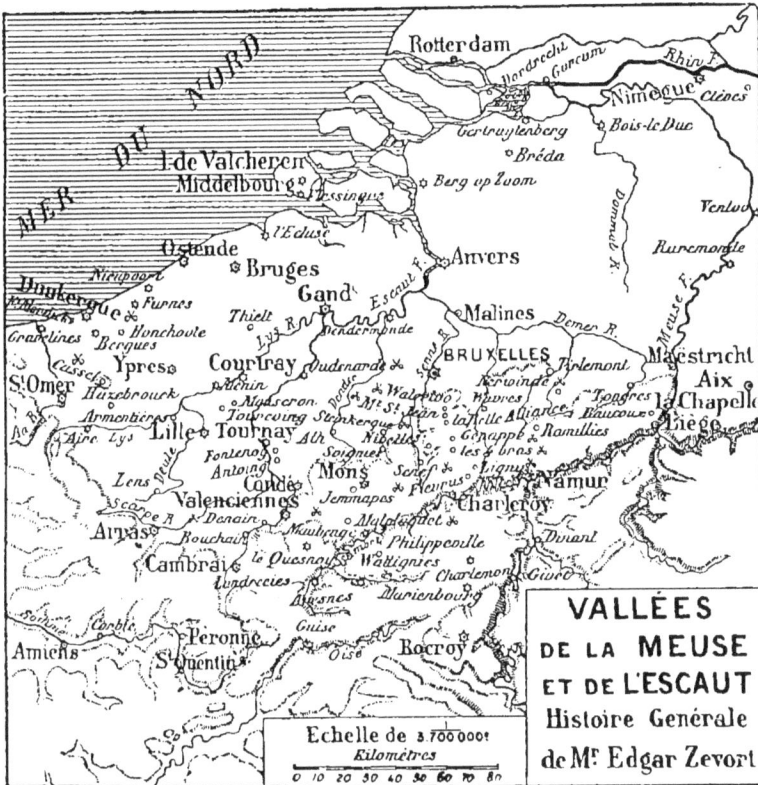

Carte de la vallée de la Meuse et de l'Escaut, où Vauban prit Oudenarde,
Condé et Bouchain.

de nouvelles constructions de forteresses en
1676, lui valurent le grade de maréchal de camp

(général de division). De plus grands services encore justifièrent cet avancement, alors bien rapide pour un ingénieur.

Le 17 mars 1677, rompant avec les vieilles erreurs, Vauban, ayant enveloppé Valenciennes d'une ligne de travaux de siège d'une étendue jusqu'alors inconnue, fit donner l'assaut en plein jour, au lieu de tenter comme autrefois une attaque de nuit ; sa hardiesse eut un plein succès. Un mois plus tard, il s'empara de Cambrai. Il avait eu, en cette occasion, le courage de résister à Louis XIV lui-même, qui aurait voulu brusquer les opérations, quitte à sacrifier plus d'hommes.

Dans la dernière année de la guerre de Hollande, il s'empara des dernières places fortes de l'Escaut belge. La paix de Nimègue, qui marqua le point le plus élevé de la prospérité de Louis XIV, suivit de près. La France acquérait Valenciennes, Cambrai, la Franche-Comté, mais devait restituer les dernières places conquises' par Vauban. Louvois, qui n'était pas très délicat, prétendait rendre ces places démantelées et par conséquent incomplètes. Vauban s'opposa à ce qu'il considérait comme une déloyauté. Il

croyait, avec raison, que, même à l'égard d'un
ennemi, les conventions doivent être observées
scrupuleusement.

Depuis le 4 janvier 1678, après la mort du
chevalier de Clerville, Vauban était commis-
saire général des fortifications. Ce fut la période
la plus active de toute sa vie ; au milieu de ses
travaux de construction, il dirigea les sièges de
Courtray, sur l'Escaut, et de Luxembourg, dans
le bassin de la Moselle, villes que Louis XIV
réclamait en pleine paix, comme dépendant de
ses récentes conquêtes d'Alsace et de Flandre.
Il s'en empara ; mais le siège de Luxembourg,
l'une des places les plus fortes de l'Europe, lui
fit courir de nombreux dangers personnels. Les
travaux qu'il exécuta dans cette ville, excitè-
rent l'admiration universelle, et l'opinion publique le désigna pour le grade de lieutenant général (commandant de corps) ; le roi tenait trop
à son pouvoir absolu pour céder au sentiment
de tous, et Vauban se résigna patiemment à
attendre.

Luxembourg ne devait pas rester française.
Les tentatives de Louis XIV pour réunir à la

France des villes que les traités ne lui donnaient pas expressément, soulevèrent contre lui une coalition européenne, appelée *Ligue d'Augsbourg*.

Lorsque la guerre éclata (1688), Vauban, devenu indispensable, fut nommé lieutenant général. Le grand Dauphin, fils du roi, fut chargé d'occuper les têtes de pont du Rhin, dans le Palatinat bavarois ; Vauban l'accompagna, et la guerre débuta brillamment par la prise de Philipsbourg ; il était alors estimé à sa juste valeur. « Nous sommes très bien, Vauban et moi, écrivait le Dauphin à Louis XIV, parce que je fais tout ce qu'il veut ». Le précepteur du prince, le duc de Montausier, qui était connu pour sa franchise, lui envoyait aussi de son côté ses félicitations sur un succès qu'il trouvait d'ailleurs très naturel, « car, ajoutait-il, vous aviez une bonne armée, des bombes, du canon et Vauban ». La prise de Philipsbourg fut suivie de celle de Manheim, de Frankenthal, sur le Rhin, et en 1691, de Mons, en Belgique.

A cette date mourut Louvois, au moment où Louis XIV allait le disgracier. Vauban ressentit profondément la perte de son protecteur ; toutefois sa position n'en fut pas d'abord amoindrie.

En 1693, il prit Charleroy, sur la Sambre ; en 1694, il commanda en chef sur les côtes de Bretagne et repoussa une attaque de l'amiral anglais Berkeley sur Brest. Depuis cette époque, il fut moins employé. Il ne conduisit plus de siège important qu'à Ath (Belgique) en 1697. Il commençait en effet à compter parmi les mécontents ; il avait pénétré les fautes du gouvernement intérieur de Louis XIV, et il souffrait plus encore de ses erreurs dans la politique extérieure.

Le roi de France convoitait l'héritage du roi d'Espagne, Charles II, qui n'avait pas d'enfant. Pour préparer cette succession, et quoique victorieux, Louis XIV abandonna, à la paix de Ryswyck (1697) tous les avantages acquis pendant la guerre. Vauban vit avec douleur renoncer à l'extension de la frontière du nord, bien plus importante pour la France que l'acquisition, impossible à garder, de l'Espagne.

Dans une lettre écrite à Racine, le grand poète tragique, il jugeait ainsi les préliminaires du trai-

té : « De la manière, qu'on nous promet la pa
générale, je la tiens plus infâme que celle

Louis XIV.

Cateau-Cambrésis, qui a toujours été considé-
rée comme la plus honteuse qui ait jamais été

faite ». Par cette paix, en effet, Henri II avait renoncé autrefois à toutes les conquêtes de ses prédécesseurs en Italie. Cette lettre était restée secrète; mais les sentiments de Vauban se firent jour, malgré lui, et Louis XIV les connut; sa gloire était tellement établie alors, qu'il fut cependant élevé, le 14 janvier 1703, au plus haut grade de la hiérarchie militaire, celui de *maréchal de France*. Il se défendit de cette dernière faveur. Il craignait que ce ne fût pour lui enlever la direction effective des opérations de siège, situation inférieure, qui n'appartenait pas à un maréchal de France. Il dut se résigner à un honneur si vivement brigué par tant d'autres.

On était alors au début de la guerre de la succession d'Espagne; il s'empara de Brisach (1703), et sauva Dunkerque (1706), en créant devant cette ville un camp retranché. Ce fut la fin de sa carrière militaire. En vain, lors du siège de Turin, Vauban signala les fautes commises, et sollicita la direction des opérations, en se défendant de toute ambition : « Je serais insensé, écrivait-il au ministre de la guerre, Chamillard, si aussi voisin de l'âge décrépit que

je suis, j'allais rechercher à commander des armées dans des entreprises difficiles ». Ses services furent repoussés, et le désastre de Turin
ne justifia que trop ses prévisions. En l'appre-
nant, Vauban ne put retenir ses larmes. Il ne
prit plus désormais part aux affaires militaires.
Il avait soixante-douze ans. Il avait conduit
53 sièges; il avait assisté à 140 actions.

VAUBAN INGÉNIEUR

Vauban est connu avant tout pour le plus grand ingénieur militaire que la France ait eu. Par une erreur assez commune, on le regarde comme le seul inventeur du système de fortification des places et des moyens employés pour les assiéger, qui ont prévalu dans les temps modernes, avant la Révolution. Il est bon de savoir pourtant que même les hommes de génie tels que Vauban, sont obligés pour amener leurs œuvres au degré de perfection qu'elles atteignent, de profiter des travaux de ceux qui les ont précédés.

De tout temps, en France, il y avait eu des villes et des châteaux fortifiés, élevés sur une colline ou sur une motte artificielle, qui surveillaient la campagne environnante. On s'était d'abord contenté d'entourer les maisons ou la demeure seigneuriale de hautes et sombres murailles, aussi épaisses que possible. Avant l'invention de la poudre, elles suffisaient parfaitement à protéger les assiégés. Les fortifications les plus compliquées consistaient en tours rondes, qui s'élevaient à égale distance au-dessus de la muraille circulaire, et en un donjon central qui les dominait.

Avec le progrès des machines et surtout après l'invention des canons, il n'était pas de mur si puissant, que les boulets ne parvinssent à détruire. On commença alors à construire en avant des murailles, des travaux capables d'empêcher l'ennemi de s'établir à portée du tir. La fin du XVe siècle et le XVIe siècle virent de grands progrès dans l'art de prendre et de défendre les villes.

C'est probablement à la fin de la guerre de Cent ans, c'est-à-dire lorsque Charles VII chassa définitivement les Anglais de France (1453), que les ingénieurs militaires imaginèrent de creuser autour des villes assiégées de grands

fossés appelés *circonvallations*, et qui, faisant
tout le tour des murailles, empêchaient les dé-
fenseurs de forcer le blocus. Ce fut un ingénieur
du XVIᵉ siècle, Latreille (1556), qui trouvant la
forme ronde des tours trop massive et trop
exposée aux projectiles, les remplaça par des ou-
vrages construits à angles aigus appelés *bastions*.

Depuis ce temps, les véritables principes de
la fortification des places étaient trouvés. On
reconnut qu'il n'était pas suffisant de construire
les murs d'une ville en matériaux résistants,
mais qu'il était indispensable de les dérober le
plus possible au tir de l'ennemi, de les placer
même hors de sa portée, en multipliant les travaux avancés. Tous les ingénieurs qui ont pré-
cédé Vauban, Errard sous Henri IV, le chevalier Deville sous Louis XIII, le comte de Pagan
et le chevalier de Clerville au début du règne
de Louis XIV, firent donc tous leurs efforts pour
abaisser les fortifications, de manière à les expo-
ser de moins en moins à l'action des boulets.

Vauban ne fit en apparence que suivre les
idées qui avaient déjà cours avant lui ; mais il
dut sa supériorité à ce qu'il conçut un système

général de fortification de la France, et qu'il construisit et répara les villes fortes d'après un plan uniforme et de manière à les défendre les unes par les autres. Il fut le premier qui se préoccupa non pas seulement de rendre une citadelle inexpugnable, mais d'entourer la France d'une triple enceinte de forteresses, pour arrêter à chaque pas une invasion étrangère, servir de bases à l'action des armées de secours, et présenter ainsi à l'ennemi un front formidable. Lorsque les autres ingénieurs n'avaient montré que leur habileté de spécialistes, Vauban avait consacré à son œuvre les longues méditations et les savants calculs de son génie.

Pendant toute sa carrière, il avait étudié et approfondi tous les secrets de sa profession; il avait modifié jusqu'à trois fois son système de fortifications. Il publia, dès 1672, un mémoire pour servir d'instruction sur la conduite des sièges, qu'il appelait « la plus fine marchandise qui fût dans sa boutique. » Plus tard (1689), il fit paraître un grand traité de l'attaque et de la défense des places, un traité des mines, des essais sur les fortifications.

Il tint compte, avant tout, des armes à feu perfectionnées, et se préoccupa, dans la défense, de mettre les assiégés à l'abri du tir des assiégeants. Il élargit et fortifia les bastions ; le mur qui rejoignait les bastions entre eux, ou courtine, fut désormais terminé par un parapet de sable et abaissé le plus possible. Vauban employa même les fortifications rasantes, c'est-à-dire dominant à peine la campagne. Il creusa les fossés d'une façon plus régulière et créa les inondations artificielles. Il multiplia les casemates, chambres à l'abri de la bombe pratiquées dans l'épaisseur des courtines.

De l'autre côté du fossé, l'enceinte bastionnée était suivie par une levée de terre, appelée chemin couvert, et terminée du côté de la plaine par un revers en pente douce ou glacis. Sur ce chemin s'ouvraient, d'endroit en endroit, des espaces plus larges, nommés places d'armes ; Vauban les arma de façon que leurs feux battissent tout le terrain placé autour des fortifications. Enfin, la citadelle, forteresse complète par elle-même, fut disposée par lui, de telle sorte que ses canons pussent enfiler les prin-

cipales rues de la ville, et réserver ainsi une
suprême défense en cas d'assaut.

Dans l'attaque, les assiégeants débutaient en
creusant, hors de la portée du tir de l'assiégé,
une tranchée dont on rejetait les terres, de

Vauban au siège de Maestricht.

façon à protéger les travailleurs et les soldats.
Il en fallait deux, trois, quelquefois plus pour
atteindre le mur de la place assiégée; en 1673,
Vauban, au siège de Maëstricht, d'après des
renseignements qui lui avaient été communi-

qués sur les moyens d'attaque des Turcs, coupa les tranchées circulaires, par d'autres tranchées, dites parallèles et qui dirigées en lignes brisées, gênaient davantage le tir de l'ennemi et abritaient mieux les travailleurs. De ce jour, on put fixer, dans les conditions ordinaires, la prise d'une place au quarante-huitième jour après l'ouverture de la première tranchée.

On doit encore à Vauban le tir à ricochet pour atteindre les parties de l'enceinte bastionnée, situées hors du point de mire. Nous avons vu Vauban appliquer presque toujours avec succès ses principes sur l'attaque des places. On l'a accusé au contraire d'avoir trop multiplié les forteresses et d'avoir dépensé en travaux de fortification plus d'un milliard de livres, qui en représenterait quatre de nos jours. Le chiffre est exagéré et lui-même protesta à plusieurs reprises contre l'abus des villes fortifiées. Il eût préféré le système des camps retranchés, qu'il appelait avec raison « une manière de camper dans les armées, plus savante, plus sûre et plus commode. »

Vauban avait construit trente-trois places nou-

velles et en avait réparé trois cents. Il considérait Dunkerque comme son chef-d'œuvre.
« Pour achever cette place, disait-il, le roi
devrait prendre les fonds sur ses menus plaisirs,
voire retrancher sur sa propre table. Quant à moi
j'offre de bon cœur mes soins et un voyage
exprès s'il le faut, aurais-je la mort entre les
dents » (1677).

Les constructions de Vauban eurent lieu surtout dans la période qui suivit la paix de
Nimègue. A cette date remontent Dunkerque et
Toulon, dont il fit un grand port militaire;
Perpignan, Montlouis, dans les Pyrénées (1678);
les places du nord-est (1680), Maubeuge, Char-
lemont, Philippeville, qui n'est plus à la France
depuis 1815, les places d'Alsace et de Lorraine,
Sarrelouis, Verdun, Thionville, Bitche, Phals-
bourg, Haguenau, enlevées à la France par les
Prussiens en 1871, Landau et Fribourg, perdues
à la fin du règne de Louis XIV; enfin, Belfort et
Besançon. Il entreprit alors, sur la côte de
l'Océan, une série de ports fortifiés: Hendaye,
Bayonne, Saint-Martin de Ré, la Rochelle, l'île
d'Aix, Brest. Dès l'occupation de Strasbourg

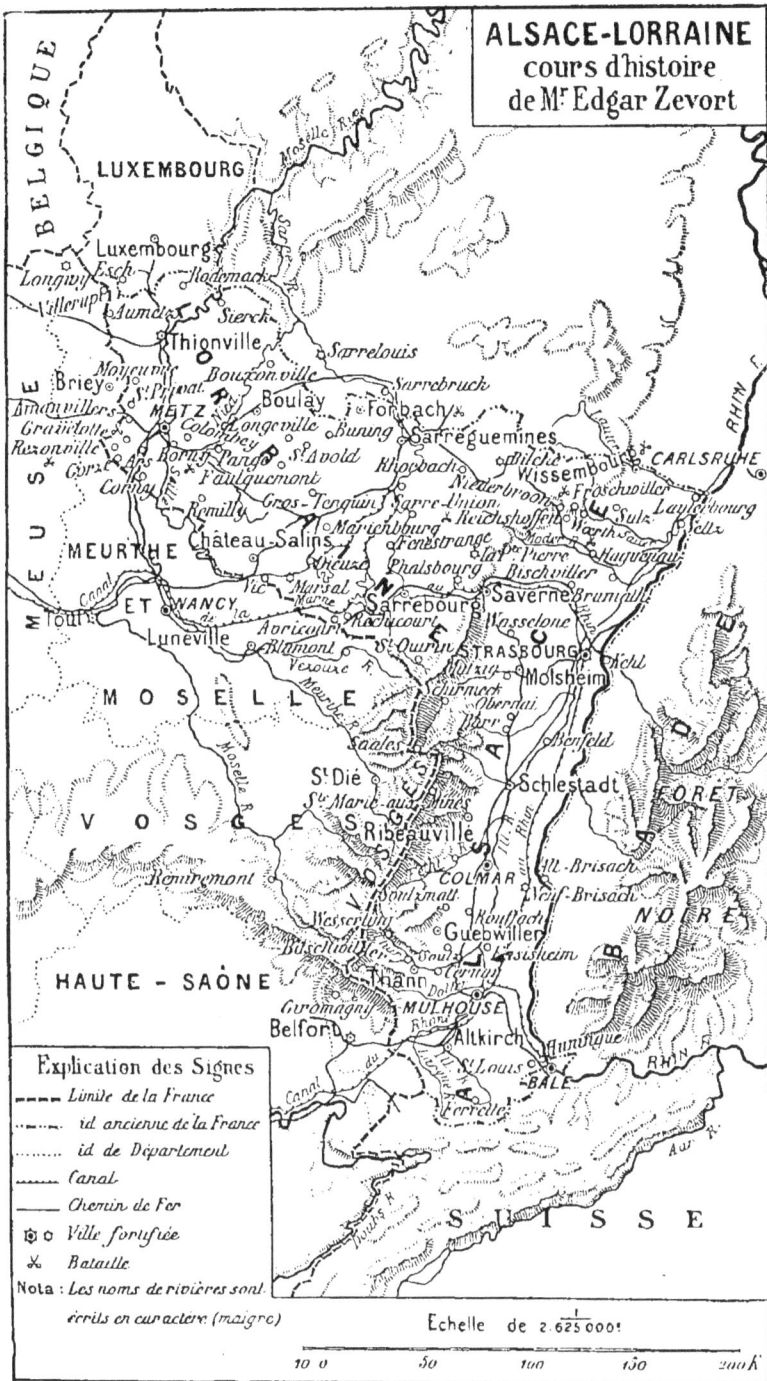

ALSACE-LORRAINE
cours d'histoire
de Mr Edgar Zevort

Explication des Signes

- - - - Limite de la France
- · - · - id. ancienne de la France
· · · · · · id. de Département
——— Canal
——— Chemin de Fer
⊙ ○ Ville fortifiée
✗ Bataille

Nota : Les noms de rivières sont écrits en caractère (maigre)

Echelle de 2.625.000^e

10 0   50   100   150   200 K

en 1681, il y commença des travaux de fortifi
cation pour lesquels, il creusa le canal de l
Brusche. Comprenant l'importance de cett
position dans une guerre contre l'Allemagne
Vauban fit inscrire sur ce chef-d'œuvre d
génie militaire d'autrefois, cette inscription
« *Clausa Germaniæ Gallia,* la France fermée aux
Allemands ». Aujourd'hui Strasbourg est perdue
mais il dépend de notre instruction militaire
et de notre patriotisme de reconstituer un jour
notre frontière désarmée.

Vauban construisit encore dans les Alpes
les places de Briançon et de Mont-Dauphin; sa
dernière création fut le camp retranché de Dunkerque. Aujourd'hui, où la défense mobile par
des armées opérant dans un espace étendu hors
de l'enceinte est plus employée, bien des travaux de Vauban sont devenus inutiles, mais il
eut le mérite d'être le créateur du génie mo-
derne.

LES AUTRES TRAVAUX DE VAUBAN

Vauban ne considérait pas son devoir envers la patrie comme devant s'arrêter aux travaux de son art. Il fut bien souvent ingénieur civil et architecte. Il donna les plans de Rochefort, construisit Toulon et Brest et les jetées de Honfleur. Il indiqua l'importance des ports de Saint-Valery, d'Ambleteuse et de Cherbourg. Il proposa la canalisation de l'Aa (qui passe à Saint-Omer), donna un projet pour le canal d'Arles à Bouc (Bouches-du-Rhône), et étudia les moyens de joindre la Saône et la Loire, la Loire et la Vilaine.

Rien ne lui échappait de ce qui importait au bonheur de la France; et il entassait sur des sujets innombrables mémoires sur mémoires, qu'il réunit sous le nom de *Mes Oisivetés*, dont malheureusement sept volumes sur douze ont été perdus. A côté d'études sur l'agriculture où Vauban propose de meilleurs aménagements pour les forêts, pour l'élève du bétail, un nouveau régime colonial, il imagina tout un système de tentes-abris et de précautions sanitaires pour les soldats. C'est à son initiative, que fut due, en 1693, la création de l'ordre de Saint-Louis, destiné à récompenser les officiers pauvres. Enfin, en 1698, il suggéra au ministre Pontchartrain de demander aux intendants leurs grands rapports sur la situation de la France.

Vauban a attaché son nom à la transformation du fusil, qui était employé, depuis le milieu du XVIIe siècle, comme une arme de tir perfectionnée. On avait donné à chaque fusilier un cheval de frise ou piquant en fer qu'il plantait devant lui pour arrêter les charges de cavalerie. Puis on emprunta aux Espagnols une arme blanche (*vagneta, gaîne, et non baïonnette de Bayonne*), terminée par un manche court qu'on enfonçait dans le canon du fusil, devenu une simple pique; enfin on imagina de faire une baïonnette creuse attachée au fusil par une douille. Vauban propagea l'usage de la baïonnette à coude, qui restait au bout du fusil sans gêner le tir.

Lorsqu'il fut question d'amener l'eau de l'Eure à Versailles par l'aqueduc de Maintenon (1687) ce fut encore Vauban qui fut chargé des travaux : ils furent exécutés par vingt-deux bataillons de soldats et six escadrons de dragons; mais les maladies et les fièvres forcèrent de les interrompre dès 1690.

Il avait été aussi chargé, en 1684, de recevoir les travaux du canal du Midi, qui joignait la Garonne et la Méditerranée. L'entrepreneur Riquet était mort à la peine. En apercevant le grand bassin de Saint-Féréol, près de Castelnaudary, réservoir des eaux du canal, plein d'admiration, et incapable de jalousie, Vauban s'écria: « Il manque pourtant une chose : c'est la statue de Riquet. »

VAUBAN ÉCONOMISTE

Cette admiration pour l'homme qui avait ou-
vert par la jonction des deux mers, et malgré
des obstacles sans cesse renaissants, une ère
commerciale toute nouvelle pour le midi de la
France, était inspirée à Vauban par la situation
économique de notre patrie, alors beaucoup
plus malheureuse qu'elle ne l'est aujourd'hui.
Depuis longtemps quelques hommes clairvoyants
ou généreux se préoccupaient de la misère du
peuple. Avant Henri IV, au XVIᵉ siècle, l'*extrême
cherté* des denrées nécessaires à la vie excitait
déjà l'inquiétude des écrivains, qui recherchaient
les causes de la richesse et de la pauvreté des
Français. Plus tard, la gloire extérieure des
règnes de Louis XIII et de Louis XIV, sans di-

minuer les souffrances des pauvres, permit tout
au moins de faire le silence sur les abus de l'organisation financière, qui étaient la principale
source du mal.

A la fin de la guerre de la Ligue d'Augsbourg,
alors que Louis XIV avouait avec un sang-froid
bien voisin de l'insensibilité, que la victoire
appartiendrait à qui posséderait la dernière
pièce d'or, les succès n'étaient plus assez
brillants pour faire taire les cris des malheureux.

Un petit magistrat du *présidial* de Rouen
(tribunal de 1ʳᵉ instance), Bois-Guillebert, jusqu'alors inconnu, publia (1697) un livre auquel
il avait donné le nom de « *Détail de la France* ».
Il y exposait, en effet, tout au long, toutes les
tristesses des paysans et du petit peuple, et
dévoilait hardiment les misères du temps, dont
nous parlerons plus loin.

Avec tous les hommes dégagés des préjugés
de caste, Bois-Guillebert voyait le mal dans l'iné-
galité de la répartition de l'impôt. Il aurait
voulu supprimer tous les droits qui causent la
cherté des objets de première nécessité, et

créer un impôt unique d'un dixième sur tous les revenus.

Il obtint une audience du ministre Pontchar-train, qui, habitué aux expédients au jour le jour, qui caractérise la politique financière des successeurs de Colbert, railla les grands projets du petit conseiller de Rouen.

Mais Bois-Guillebert était de ces esprits ardents que l'insuccès ne décourage pas. Les nouveaux malheurs de la guerre de la succession d'Espagne rendirent ses convictions plus inébranlables encore ; et dans un nouveau livre, le « *Factum de la France* », qui parut en 1707, il exposa ses idées avec une véhémence plus pressante. Le contrôleur général était alors Chamillart, petit esprit, mais honnête homme, et qui cherchait partout un sauveur pour les finances de la France ; il se mit en relations avec Bois-Guillebert ; mais il fut effrayé du remaniement général que nécessiterait son système, il remit l'essai de ces théories à la conclusion de la paix.

Exaspéré par cette réponse, Bois-Guillebert publia en supplément au *Factum* une petite

brochure portant pour titre cette question :
Faut-il attendre la paix ? Fallait-il attendre la
paix, disait-il pour sauver la France ? Fallait-il
attendre la paix pour arrêter la banqueroute et
soulager la misère populaire ? Le gouvernement
absolu trouva ces questions indiscrètes; Bois-
Guillebert fut exilé en Auvergne, et même,
s'il faut en croire Saint-Simon, on aurait un
instant pensé à lui faire payer son audace de
la vie.

Bois-Guillebert était allié à la famille de Vauban; il nous est permis de croire qu'ils se com-
muniquèrent leurs craintes sur la situation de la
France. A ce moment même, le vieux maréchal,
partant du même point de départ que le magistrat rouennais, cherchait, à la fin de sa carrière,
avec toute l'ardeur de la jeunesse, le moyen de
prévenir la catastrophe sociale qu'il prévoyait.
Il ne connaissait que trop la misère générale
par ses voyages continuels à travers la France.

« Je ne suis, disait-il, ni lettré, ni homme
de finances ; mais je suis Français et très
affectionné à mon pays. La vie errante que j'ai
menée depuis quarante ans et plus, m'ayant

donné l'occasion de visiter plusieurs fois la plus
grande partie des provinces de ce royaume. J'ai
trouvé souvent l'occasion d'en examiner l'état
et celui des peuples dont la pauvreté ayant ex-
cité ma compassion, m'a donné lieu d'en rechercher les causes. » Vauban s'entoura de tous les
renseignements possibles, fit faire à ses frais
tous les calculs nécessaires, puis écrivit son
fameux livre de la *Dîme royale*.

L'impôt foncier, la *taille*, comme on l'appelait
alors, pesait uniquement sur les non-nobles ou
roturiers, qui souffraient encore cruellement
des *aides*, c'est-à-dire des impôts indirects mis
sur les objets de première nécessité, des douanes
intérieures, qui entravaient de province à province la circulation des marchandises, et surtout
de l'impôt ou *gabelle du sel,* dont le prix était
exorbitant, et dont il fallait consommer une
quantité fixée par la loi, bien supérieure aux
besoins réels. Le roturier, ruiné par les charges publiques, ruiné par les guerres, voyait
encore les contrôleurs généraux ou ministres
des finances, créer chaque jour de nouveaux
impôts pour faire face aux dépenses de l'armée.

Il était dans une misère épouvantable ; la dépopulation devenait effrayante, la famine devenait chose commune. Le cœur de Vauban n'avait pu supporter le spectacle de tant de malheurs et il avait résolu de chercher le remède.

Les douanes seigneuriales.

Pour lui tout sujet (noble ou roturier) doit payer l'impôt proportionnellement à sa richesse, c'est-à-dire au revenu. Il supprimait les impôts indirects, l'impôt foncier payé par les non-nobles, les douanes et tous les impôts extraordi-

naires. En dehors de l'impôt général, il ne
conservait que celui du sel, en le diminuant, et
quelques impôts de luxe. Ces impôts secon-
daires étaient estimés par Vauban à 40 millions
de livres; mais pour lui, l'impôt véritable était
l'impôt sur le revenu. Il l'appelait la *dîme
royale*, et comme il estimait le produit de
l'agriculture en France à 1,200 millions, celui de
l'industrie à 300, la dîme ou le dixième de ces
1,500 millions était de 150 millions. Le budget
annuel de l'État, avec les 40 millions des autres
impôts devait donc s'élever à 190 ou 200 millions
de livres (800 millions d'aujourd'hui). Vauban
conseillait de ne jamais dépasser ce chiffre.

Pour rendre la perception plus facile et
ne pas enlever la monnaie des mains du paysan, qui en avait besoin pour ses échanges,
il croyait pouvoir faire payer en argent seulement les revenus industriels. L'impôt agricole
serait payé en nature, par exemple une gerbe
de blé sur dix. Le gouvernement ne le rece-
vrait pas sous cette forme, il adjugerait à des
spéculateurs les produits de l'impôt, qu'ils
revendraient. Les adjudicataires payeraient à

l'Etat la somme à laquelle ces produits seraient estimés, en réservant leurs bénéfices et leurs frais.

Vauban se flattait de supprimer ainsi les impôts indirects sur les objets de consommation, impôts qui causent la cherté de la vie, et de rendre inutiles la plupart des fonctionnaires financiers, et des traitants, fermiers de tous les impôts autres que la taille, qui ruinaient la nation par la multiplicité des frais de perception. Il pensait mettre fin pour toujours « aux mangeries » de ces gros fermiers d'impôts qui s'enrichissaient de la misère publique.

L'impôt proportionnel sur le revenu était bien le meilleur de tous; mais les difficultés étaient grandes dans l'application. Vauban comptait sur le patriotisme de chacun pour ne pas dissimuler ses ressources, il comptait peut-être un peu imprudemment; en tous cas, il fut le premier avec Bois-Guillebert, à vouloir faire peser l'impôt indistinctement sur toutes les classes de la nation.

Vauban terminait son livre en demandant qu'on voulût bien expérimenter son système;

mais il pensait bien que les personnes dont il attaquait ainsi la fortune s'élèveraient contre lui. Aussi, il rédigea un mémoire qu'il ne publia pas alors, et qu'on a trouvé dans ses papiers, sous le titre de : *Raisons secrètes contre la dîme royale*. Ces raisons, c'était l'intérêt des financiers et la timidité des ministres, qui, ayant besoin des hommes d'argent n'osaient les froisser.

Cependant Louis XIV connaissait les théories de Vauban et n'était pas éloigné de les approuver, parce que la dîme royale, soumettant toutes les classes à l'impôt, favorisait ses idées de pouvoir absolu. Mais on était, alors, dans les misères de la guerre de succession d'Espagne. Le vieux roi oubliant son orgueil, s'était mis dans les mains des financiers pour trouver les sommes nécessaires à la guerre. Il lui fallait les ménager. Quand le livre de Vauban parut au début de 1707, ce fut un cri général contre l'auteur. On l'accusa de vouloir renverser l'ancien état de choses, on rappela que Vauban avait blâmé la révocation de l'Édit de Nantes, et Louis XIV se laissa persuader de ne voir en lui « qu'un insensé pour l'amour du bien public ».

Un arrêté du 19 mars 1707, ordonna la saisie, la confiscation et la destruction du livre de Vauban. Le maréchal était alors malade à Paris, il avait soixante-quatorze ans. L'annonce subite de la disgrâce royale et de la condamnation de son ouvrage le frappa douloureusement: il s'alita avec la fièvre. Pendant sa courte maladie, il était poursuivi par le sentiment du châtiment immérité qui lui était infligé, et demandait à tous ceux qui l'approchaient, quel était le crime de son livre. Il mourut le 30 mars 1707. A cette nouvelle, Louis XIV se contenta de dire froidement: « J'ai perdu un homme qui m'était bien affectionné. »

VIE PRIVÉE ET CARACTÈRE DE VAUBAN

La vie privée de Vauban est mal connue dans ses détails. Mais, dans un siècle où la famille était peu respectée, Vauban eut une conduite austère et digne. De son mariage, il eut deux filles : l'une qu'il maria à un ingénieur, M. de Mesgrigny, l'autre au marquis d'Ussé. Il sut donner à ceux de ses cousins qui portaient son nom, un appui généreux, sans exiger des faveurs injustes pour eux. Il conserva surtout pour le château de ses pères un attachement très vif; et lorsque ses occupations ne le retenaient pas à Paris et à Lille, ses principales résidences, il allait en Morvan pour prendre quelque repos. Il fit reconstruire le château de Bazoches, son manoir paternel, qu'il avait racheté après

son mariage. Devenu l'un des grands personna-
ges de la France, il n'oublia jamais ceux qui
l'avaient connu dans son enfance pauvre et
malheureux. Une anecdote nous le montre en
1690, parcourant son village natal de Saint-
Léger-du-Fougeret et rappelant à une vieille
femme qu'elle avait autrefois partagé avec lui
son *époigne* (galette du pays).

Vauban est donc de ces hommes rares, qui
restent fidèles à eux-mêmes pendant toute leur
carrière; l'historien Saint-Simon qui l'admirait,
et qui a créé pour lui le beau mot de *patriote*,
tout fier de sa haute noblesse, trouvait Vauban
de petite origine et de *basse mine* et a dit que
« sa physionomie ne promettait rien ». Mais nous
qui connaissons Vauban par des portraits authen-
tiques, nous pouvons dire qu'il avait la figure
austère et noble, les traits sérieux et calmes,
l'attitude digne et résolue. Ce qui distinguait
particulièrement le caractère de ce grand homme,
après son ardent patriotisme, c'était l'horreur
de « la friponnerie » : « Je ne pardonne pas aux
fripons avérés, » disait-il; aussi il supportait
difficilement qu'on doutât de sa probité, et nous

avons vu qu'il ne pardonna jamais à Colbert la
part involontaire qu'il avait prise dans l'affaire
de Brisach. D'ailleurs, il était toujours prêt à
faire la preuve de son désintéressement, et dans
une lettre célèbre écrite à Louvois, il réclamait
l'honneur de produire le premier ses comptes,
et de donner l'exemple d'une éclatante probité.
Vauban fut aussi un des généraux, très peu
nombreux à cette époque, qui eussent le respect
de la vie humaine; il prenait les soins les plus
prudents pour la sûreté des soldats. « Brûlons
plus de poudre et versons moins de sang », avait-
il coutume de dire. Les « bombarderies » inutiles
l'exaspéraient, et il n'hésitait pas à s'y opposer,
même en présence de Louis XIV; et cependant
Vauban était courageux et risquait sans hésiter
sa vie pour reconnaître les points faibles d'une
forteresse. Il fut souvent blessé; et il fallut que
Louvois le « grondât » de sa témérité et recom-
mandât aux chefs de corps de veiller sur lui.
Mais résolu à tout hasarder pour accomplir son
devoir, Vauban prenait d'autant plus de soin
d'adoucir les horreurs de la guerre pour les
autres.

Il n'y a donc rien d'étonnant à ce que cet homme, si humain, fût aussi très tolérant en matière religieuse. A ce titre la révocation de l'Édit de Nantes (1685) qui supprimait en France la religion protestante, l'attrista profondément. Il fit, en 1689, passer à Louis XIV un mémoire dans lequel il mettait sous ses yeux les conséquences de cette mesure funeste : trente millions perdus, vingt mille soldats passés à l'étranger, six cent mille citoyens industrieux émigrés dans les Pays-Bas, en Angleterre, en Allemagne; il concluait au rappel des Réformés, au rétablissement de l'Édit de Nantes. « Il faut, ajoutait-il, exterminer les protestants nouveaux comme des rebelles, ou les chasser comme des furieux, projets détestables et contraires à toutes les vertus chrétiennes, morales et civiles. » Il fallait un grand courage pour qualifier ainsi la persécution religieuse, grâce à laquelle Louis XIV espérait racheter les scandales et les fautes de sa vie. C'est que Vauban, malgré son respect pour le roi et pour les ministres, ignorait la flatterie, et tout en se tenant à sa place parlait toujours le langage de la vérité. Le soin de sa carrière ne nuisait jamais au soin de sa dignité ; c'est lui qui répondait à Louvois, qui lui avait adressé des reproches immérités et peu mesurés sur des travaux exécutés dans le nord de la France: « Tout ce que je puis vous dire, c'est « que je n'y toucherai absolument pas, si vous « ne parlez autrement. »

Aussi par la grandeur des services rendus, par l'éclat de ses talents, la conviction de son patriotisme, l'intégrité de sa vie et la hauteur de son caractère, Vauban est un des plus *grands Français* de notre histoire, et il reste à travers les siècles et les révolutions, selon l'expression de Saint-Simon « porté dans le cœur » de tous ses concitoyens, et comme on l'a dit aussi, l'un des premiers représentants « *des vertus républicaines* »

TABLE DES MATIÈRES

Saint-Denis. — Imp. Picard-Bernheim et Cie. — U. P.

ED. ROCHEROLLES

GRAMMAIRE

D'APRÈS LA MÉTHODE EXPÉRIMENTALE

Programmes : 27 Juillet 1882 — 22 Janvier 1885

COURS ÉLÉMENTAIRE, 1re ANNÉE. Petits exercices littéraires et grammaticaux, Exercices très simples d'observation et d'invention, historiettes enfantines et devoirs de rédaction, construction de phrases, orthographe d'usage, résumés par questions. 1 joli vol. in-12, cartonné. . . . . . » **78**

COURS MOYEN, 2e ANNÉE. Préparation au certificat d'études primaires. 1 beau vol. in-12 de 268 p. cart. **1 28**

COURS SUPÉRIEUR (en préparation).

DELAPIERRE ET DE LAMARCHE

EXERCICES

DE

MÉMOIRE

CORRESPONDANT AU COURS DE GRAMMAIRE DE M. ROCHEROLLES

COURS ÉLÉMENTAIRE (*Texte du programme*). Récitations de poésies d'un genre très simple. 1 joli vol. illustré de 17 grav. » **30**

COURS MOYEN. (*Texte du programme*). Récitation de fables, de petites poésies et de quelques morceaux de prose. 1 joli vol. in-12 illustré de 28 g cart. . . . . » **60**

COURS SUPÉRIEUR (sous presse).

NOUVEAU COURS D'ARITHMÉTIQU

DE SYSTÈME MÉTRIQUE & DE GÉOMETRIE USUELLE

Rédigé conformément aux programmes officiels du 27 juillet 1882

PAR

UNE SOCIÉTÉ D'INSTITUTEURS

SOUS LA DIRECTION DE

M. E. COMBETTE

ANCIEN ÉLÈVE DE L'ÉCOLE NORMALE SUPÉRIEURE,
AGRÉGÉ DE L'UNIVERSITÉ, PROFESSEUR DE MATHÉMATIQUES AU LYCÉE SAINT-LOUIS
CHEVALIER DE LA LÉGION D'HONNEUR

Adopté pour les Ecoles de la Ville de Paris.

COURS ÉLÉMENTAIRE, 1re ANNÉE. Ouvrage composé sur un
plan entièrement nouveau avec gravures dans le texte. 1 vol. in-18
cartonné.. » 8c

COMPLÉMENT D'ARITHMÉTIQUE

1081 PROBLÈMES ET EXERCICES

COMMERCE — INDUSTRIE — AGRICULTURE — VIE USUELLE

Par les mêmes Auteurs

*Ouvrage destiné aux Elèves des cours élémentaires et aux élèves
de première année du Cours moyen*

Un volume in-12, cartonné........................ .... » 45c

Cours Moyen et Supérieur, à l'usage des *candidats au certificat*
d'études primaires. Un beau volume contenant un grand nombre
d'exercices et de problèmes donnés dans les examens : COMMERCE,
ÉPARGNE, INDUSTRIE, AGRICULTURE, VIE USUELLE; nombreuses gravures,
cartonné **1 60c**

RECUEIL DE PROBLÈMES

DONNÉS AUX EXAMENS DU CERTIFICAT D'ÉTUDES PRIMAIRES
POUR FAIRE SUITE AU

COURS MOYEN & SUPÉRIEUR D'ARITHMÉTIQUE

DE M. E. COMBETTE

ET RECUEILLIS

Par M. E. CUISSART

Membre du Conseil supérieur de l'Instruction publique
et du Conseil départemental de la Seine,
Inspecteur primaire à Paris, chevalier de la Légion d'honneur.

1 fort volume in-12 cartonné.

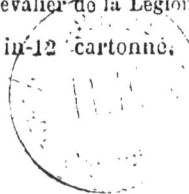